Philippe Durand Gerzaguet

ROSE

EYROLLES

Fuchsia

Bonbon

Saumon

Balais

Magenta

Parme

Dragée

Cuisse de nymphe

Conception graphique : Maryline Le Roy
Photographies : Philippe Durand Gerzaguet

Carnets de couleur est une collection à l'initiative d'ôkhra, Conservatoire des ocres et de la couleur, réalisée en collaboration avec Culture Couleur, avec le soutien de l'Union européenne, de la région PACA et du département du Vaucluse.

www.okhra.com

Usine Mathieu, 84220 Roussillon

Groupe Eyrolles
61, Bd Saint-Germain, 75240 Paris cedex 05

Dépôt légal : juin 2013 - N° d'éditeur : 9013 - Imprimé en Espagne

Le rose
est-il une couleur ?
Une vraie couleur, comme vert,
rouge, bleu, jaune… ? À vrai dire,
techniquement, un rose n'est finalement
qu'un rouge clair, blanchi. Mais voilà, c'est
Le Rose. Le bleu clair, le vert clair ne bénéficient
pas du statut privilégié du rose. Pensez, ils n'ont
même pas de nom, ce sont juste des nuances de
bleu ou de vert. C'est certain, le rose a une place
bien à lui. On aurait envie de dire *bien à elle*,
tant cette couleur est associée à la féminité.
Explorons donc dans ce carnet rose
les multiples dimensions de cette
couleur pas comme les
autres.

Couleurs du rose

Au départ, il y a le rouge. Le rouge est une des couleurs fondamentales, un des points cardinaux du cercle chromatique. Quand on l'éclaircit, qu'on y ajoute du blanc, on obtient du rose. En s'éclaircissant, le rouge perd de son intensité, de sa saturation, mais c'est pour gagner en finesse car en s'approchant des couleurs connexes sur le cercle chromatique, vers le violet et le bleu d'un côté, vers l'orange et le jaune de l'autre, il se pare d'une infinité de nuances. Par nature, il est plutôt clair, mais il peut monter en densité vers ce rouge-rose très spécial qu'est le magenta, ou s'éteindre, se griser, flirtant ainsi avec le violet ou le brun ; on le qualifiera alors volontiers de « vieux rose ».

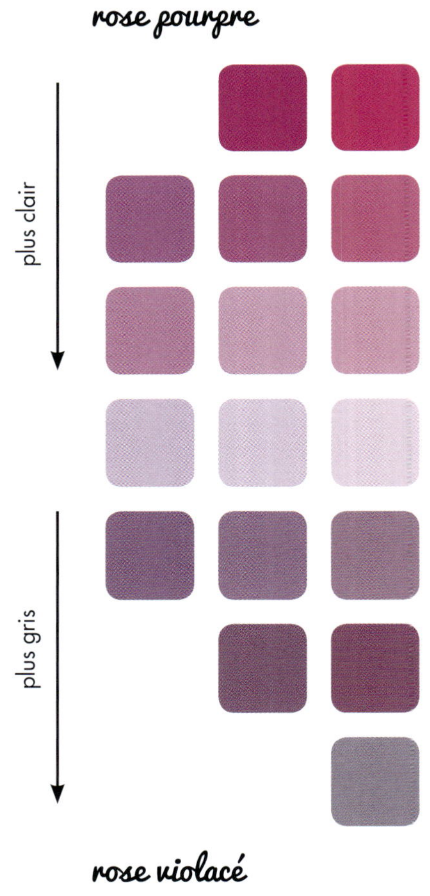

Les teintes de base

vers le violet / le bleu ←

rose orangé

vif

moyen

pâle

clair

rabattu

profond

sombre

beige rosé

vers l'orange / le jaune →

Géographie du rose

Le mont Rose

Le mont Rose est moins connu que son voisin le mont Blanc, il vient juste après en altitude avec 4 634 m. Si le mont Blanc est blanc, le mont Rose n'est pas rose. Son nom vient de *rouésa*, un glacier en patois du Val d'Aoste. Rien à voir avec la couleur.

Toulouse, ville rose

La ville rose catalane tire son nom de la couleur de la brique de terre cuite, à base d'argile, utilisée traditionnellement dans la région toulousaine.
170 briqueteries en faisaient le centre de production le plus important de France. La brique de Toulouse est également appelée brique foraine, elle est plus plate que les briques classiques. Toulouse est également surnommée cité des violettes, une production importante au XIXe siècle.

Marrakech, ville rose

La ville rose marocaine est entourée de remparts en pisé, monté sur une armature en bois, d'une couleur ocre avec laquelle le soleil joue pour la faire passer du jaune orangé au rose. La plupart des bâtiments dans l'enceinte partagent ces couleurs, ce qui fait que Marrakech est également nommée ville rouge ou ville ocre. La visite de la ville rose s'accompagne souvent d'une excursion dans la vallée des roses, surnom des gorges du Dadès. Le rose est celui des fleurs qui y sont cultivées, pour leur parfum, et qui donnent une couleur extraordinaire à la vallée, en avril-mai.

Jaïpur, ville rose

La ville rose indienne a fait connaissance avec le rose en 1876, quand la ville fut repeinte pour la visite du prince de Galles dans la capitale du Rajasthan, en signe d'hospitalité. Mais le choix de cette couleur a peut-être été fait pour réparer une bévue diplomatique. On aurait surnommé les colonisateurs anglais « singes à face rose », et, pour démontrer que le surnom n'était pas péjoratif, la ville fut peinte en rose sous prétexte que c'était une couleur sacrée et que le singe Hanuman ne l'était pas moins. Une autre version explique que la seule couleur de peinture disponible en de telles quantités était le rose ! Toujours est-il que, depuis, le rose recouvre bâtiments anciens et modernes. Combiné à un urbanisme unique, et aux couleurs omniprésentes dans la vie quotidienne, Jaïpur est la plus colorée des villes du monde. Diana Vreeland, rédactrice en chef de *Vogue* résumait le goût des Indiens pour les couleurs vives par « le rose est le bleu marine de l'Inde ».

Le lac Rose

À quelques kilomètres au nord de Dakar, le lac salé de Retba, plus connu sous le nom *lac Rose,* est une destination touristique classique du Sénégal, et une source importante de sel. Sa couleur changeante passe, selon la météo, par tous les tons de rose, du rose lilas au rose écarlate. Sa coloration est due à une bactérie qui fabrique un pigment rouge pour résister à la concentration de sel.

Rose british

Les cartes représentant l'Empire britannique présentent toujours les territoires colonisés en rose. Pourquoi cette couleur douce pour symboliser ce territoire « sur lequel le soleil ne se couche jamais » ? Il y a plusieurs hypothèses. La première est que c'est la couleur de la rose Tudor, symbole de la monarchie anglaise. Henry Tudor (Henry VII) avait réuni les maisons de York, dont le symbole était une rose blanche, et de Lancaster, la rose rouge. La combinaison des deux, à l'issue de ce qu'on a appelé la guerre des Deux-Roses, a abouti à l'adoption de la rose rose, mélange des deux couleurs. La seconde, plus prosaïque, est que le rouge, symbole à la fois de la puissance et de l'Angleterre, rendant difficile la lecture des noms des colonies, les imprimeurs l'ont baissé d'un ton, donnant naissance au rose.

Ces territoires roses sont désignés par l'expression populaire « the pink bits » (les morceaux roses), qui désigne aussi les parties du corps habituellement cachées par les sous-vêtements.

BRITISH EMPIRE Throughout the WORLD
EXHIBITED IN ONE VIEW
TABLE OF BRITISH POSSESSIONS
in the different quarters of the Globe.
III. ASIATIC POSSESSIONS.
IV. AUSTRALIAN POSSESSIONS
V. AFRICAN POSSESSIONS.
NORTH AMERICA
ARCTIC OCEAN
NORTH PACIFIC OCEAN
INDIAN OCEAN
MONGOLIA
CHINESE EMPIRE
TARTARY
PERSIA
Arabian Sea
AFRICA
Equator
NORTH AUSTRALIA
WESTERN AUSTRALIA
SOUTH AUSTRALIA
NEW SOUTH WALES
VICTORIA
NEW ZEALAND
CAPE COLONY
North Americans white and copper coloured
Natives of British Empire in Europe
Cape Colony and Southern Africa
A. FULLARTON & Co. EDINBURGH, LONDON & DUBLIN

8/9

Matériaux du rose : végétaux et animaux

La garance
Ne laissez pas les fleurs roses de cette plante méditerranéenne vous tromper. C'est en arrachant ses profondes racines et en voyant vos mains tachées de rouge que vous comprendrez pourquoi, depuis l'Antiquité, la garance a produit les rouges les plus éclatants, des murs de Pompéi aux bannières des samouraïs japonais. Cultivée dans le Vaucluse puis en Alsace-Lorraine, elle a assuré la prospérité de ces régions jusqu'à l'arrivée des pigments de synthèse.

La cochenille
Cachés derrière la couleur carmin, ces petits insectes (les femelles seulement) vivant sur les cactus sont responsables de la teinture en rouge de multiples matériaux. Bien que les teintures chimiques aient mis fin à bon nombre de ses usages, on l'utilise toujours largement dans l'alimentaire (cherchez le colorant E120) car la cochenille n'est pas toxique. Et vous pensiez ne jamais avoir mangé d'insecte ?

Le kermès
Autre insecte traditionnellement utilisé pour la teinture rouge avant la généralisation de la cochenille, il donne des rouges et des roses plutôt chauds.

Le murex
Ce beau coquillage en forme d'escargot garni de pointes fournissait, quand on écrasait son habitant, la pourpre, une teinture rouge proche du magenta.

Le bois de Brésil
On trouve cet arbre au Brésil mais aussi dans les îles de l'océan Indien. Cette précieuse teinture a promu le rose dans les vêtements princiers des XIVe et XVe siècles.

Cette recette de teinture naturelle produira du rose vif, mais peut servir ensuite plusieurs fois pour obtenir des roses plus clairs.

Teinture de cochenille

Teindre 100 g de tissus de laine ou de soie en rose franc

250 g d'alun de potassium

60 g de crème de tartre

100 g de cochenille

80 g de garance en poudre

Préparation

Préparer les tissus pour pouvoir absorber la couleur : c'est le mordançage.
Remplir un faitout en Inox avec 4 l d'eau tiède. Faire dissoudre 25 g d'alun de potassium dans l'eau du bain. Remuer et plonger les tissus humidifiés. Faire bouillir doucement pendant 1 h. Laisser le bain refroidir avant de sortir les tissus. Les essorer et garder en attente pour la teinture.

Préparer le bain de teinture et teindre.
Écraser 15 g de cochenille dans un mortier. Transvaser dans un petit saladier en verre et ajouter progressivement de l'eau pour faire une pâte un peu liquide. Remplir un faitout en Inox avec 4 l d'eau tiède, ajouter le mélange de cochenille et remuer. Faire bouillir pendant 15 min environ. Des résidus noirâtres se forment à la surface. Les enlever à l'aide d'une petite passoire. Laisser le bain refroidir avant de plonger les tissus. Chauffer doucement le bain jusqu'à petite ébullition. Garder cette température pendant 1 h. Remuer les tissus de temps en temps pour obtenir une teinture uniforme. Laisser le bain refroidir avant d'enlever les tissus teints, de les rincer soigneusement et de les mettre à sécher.

Ce bain est encore saturé en couleur et on peut le réutiliser une deuxième, voire une troisième fois, pour teindre des tissus dans des tons plus clairs. On doit alors les préparer comme indiqué plus haut avant de les tremper dans le bain de cochenille et de teindre pendant 1 h à ébullition.

Cette recette est proposée par Karin Delaunay-Delfs, artiste textile tapisseries. Elle donne dans son livre *Teintures Naturelles* d'autres recettes, en particulier autour du rose, à base de cochenille ou de garance, et même les deux combinées.

Matériaux du rose : minéraux et synthèse

L'ocre

L'ocre est une argile colorée, chargée d'hydroxyde de fer (la gœthite) qui lui donne sa couleur, de jaune à orangé. Présente dans la nature et exploitée en carrières, elle dessine de magnifiques paysages, comme dans le massif ocrier de la région de Roussillon en Provence. Pour en extraire le pigment, il faut la laver pour évacuer le sable, elle pourra ensuite être cuite pour obtenir des tons rouges. Si vous tentez vous-même la cuisson d'ocre jaune dans une casserole, la teinte obtenue sera rosée. Les peintures à l'ocre ont traversé les époques : l'art rupestre, les fresques antiques, les peintures médiévales et les toiles de la Renaissance sont parvenues jusqu'à nous, témoignant que l'ocre est une des couleurs qui ne pâlit pas. Pour obtenir du rose à partir de l'ocre rouge, il faut l'ajouter à du blanc, comme du talc ou du blanc de Meudon, dans la recette ci-contre.

Terres colorées

Cousines de l'ocre, elles peuvent être naturellement rouges si elles contiennent de l'hématite. On en trouve en particulier en Italie : rouge ercolano, rouge vénitien, rouge Pozzuoli. Mais partout dans le monde, l'oxyde de fer, qui vire au rouge quand il s'altère, est le pigment le plus répandu.

Pigments de synthèse

Issus de la chimie minérale, ils sont connus dès l'Antiquité, issus de la chimie organique, ils remplacent souvent les couleurs naturelles depuis le XIXe siècle. En 1826, l'alizarine, un colorant rouge présent naturellement dans la garance, est composé artificiellement. Ce n'est que le premier d'une longue liste de couleurs de synthèse. Les artistes, artisans et industriels ont maintenant à leur disposition des pigments roses.

Pour fabriquer une peinture il faut : une colle (la chaux), une charge (le blanc de Meudon), de la couleur (un pigment) et un diluant (l'eau). Le badigeon est la plus connue des peintures à la chaux. Son aspect final mat et poreux le rend très sensuel. Il se marie ici avec le rose pour un résultat doux et chaleureux.

Un badigeon rose à la chaux

Ingrédients

Pour 30 m² de peinture sur fond absorbant ou 50 m² sur fond bloqué.

2 kg de chaux en poudre

300 g de blanc de Meudon

500 g d'ocre rouge maximum

5 à 6 l d'eau

Supports

Sur un support poreux comme un enduit à la chaux ou un enduit terre, le badigeon adhérera bien, à condition de mouiller abondamment le support avant de commencer à peindre.
Sur un fond bloqué (ancienne peinture, Placoplatre) il faudra appliquer une sous-couche d'accroche à base de charge et de résine avant de poser le badigeon.
Sur support poreux, le badigeon doit être un peu plus dilué.

Préparer la peinture

Verser la chaux, le blanc de Meudon et le pigment en poudre, puis mélanger à sec à l'aide d'un fouet pour les petites quantités ou avec un mélangeur. Ajouter l'eau petit à petit afin d'obtenir un mélange ni trop liquide ni trop pâteux.

Application

Appliquer le badigeon le lendemain de sa préparation. Remuer régulièrement. Poser avec une brosse large, en douceur, en faisant des mouvements en forme de « huit ». En séchant le badigeon s'opacifie et, après séchage, il perd 50 % de sa couleur. Passer deux couches pour un beau résultat.

Astuce : nuancer votre badigeon

Votre badigeon est posé et vous le trouvez trop uniforme, vous désirez créer des nuances. Refaites un mélange et, cette fois, supprimez le blanc de Meudon et augmentez la dose d'eau, mais attention de ne pas mettre plus de pigment. Repassez cette dernière couche de peinture plus diluée sur votre badigeon, vous obtiendrez des transparences.

Cette recette est proposée par Solène Delahousse, fresquiste et spécialiste de la chaux. Mais elle explique aussi que, en matière de badigeon, les recettes ne sont que des points de départ : chaque support est différent et nécessite du sur-mesure. Le bon artisan doit savoir « écouter » le mur et apprendre les réactions de la chaux avec l'expérience.

Symbolique

S'il y a une couleur féminine, c'est bien le rose — bien que cette association soit finalement relativement récente. On lui prête donc naturellement les valeurs traditionnellement féminines, comme la tendresse et le romantisme. Le rose est également la couleur de la peau occidentale, et s'associe à la nudité, la beauté, la douceur. Il réussit l'exploit d'être le symbole de l'innocence, de la pureté, de la candeur tout en étant bien ancré du côté de la sexualité et de l'érotisme.

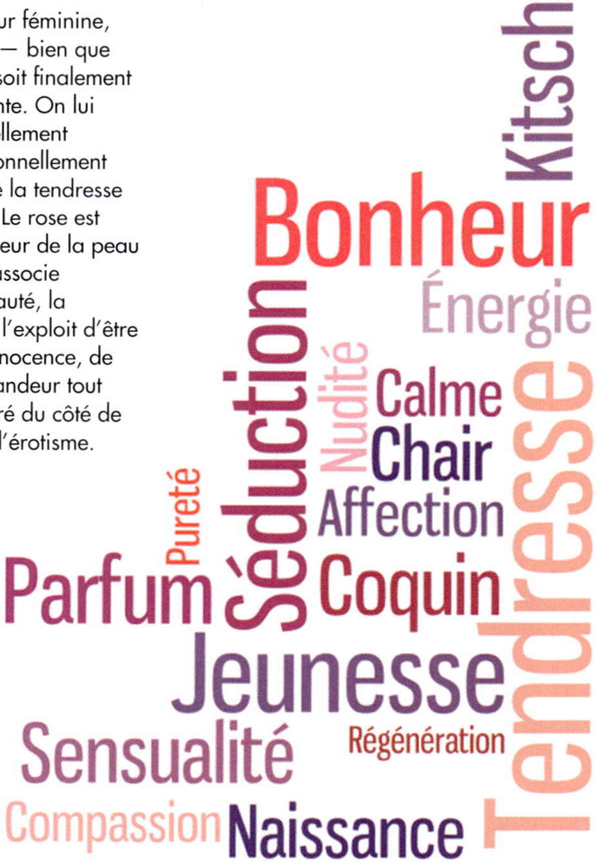

Volupté
Nostalgie
Enfance
Légèreté
Printemps
Harmonie
Douceur
Amour
Aurore
Sérénité
Plaisir
Romantisme
Gourmandise
Sexe
Féminité
Fille
Cœur
Beauté
Érotisme
Homosexualité
Candeur
Sucré
Socialisme

Le rose a-t-il un sexe ?

Le rose couleur féminine ? Cela nous paraît évident. Il faut savoir que cette association est récente, bien que son origine ne soit pas très claire. Longtemps, la question ne s'est pas posée, car on n'habillait pas les enfants en couleur, les belles teintures étant plus chères et plus difficiles à laver que les vêtements écrus. Le rose était la couleur des princes, un *petit rouge* pour le préparer à la couleur royale. Mais Napoléon III et Eugénie choisissent la couleur bleue pour placer leur fils sous la protection de la Vierge Marie.

Au XIXe siècle, la couleur arrive, et les codes varient selon les pays. Au Japon, le rose est une couleur volontiers masculine. Aux États-Unis, au début du XXe siècle, le rose, couleur affirmée, était plutôt pour les garçons alors que le bleu, couleur plus délicate, était féminin. Ce n'est que vers les années 1950 que le rose explose dans la mode et la grande consommation, s'imposant comme couleur féminine par excellence dans les pays occidentaux, puis dans le monde entier.

Culturel ou inné ?

Les recherches, toutes controversées, ne tranchent pas la question. Entre autres, une étude de l'université de Newcastle constate que, si le bleu est la couleur préférée des deux sexes, « les femmes ont une préférence pour l'extrémité rouge de l'axe rouge-vert, ce qui décale vers le rouge leur attirance naturelle pour le bleu et fait du rose et du lilas leurs couleurs préférée ».

Ruban rose

Le ruban rose a été choisi comme symbole de lutte contre le cancer du sein, inspiré du ruban rouge contre le SIDA.

Triangle rose

Le triangle rose devait être porté par les homosexuels dans les camps de concentration nazis. Ce symbole a été repris comme signe identitaire de la communauté homosexuelle, avant d'être remplacé par l'arc-en-ciel, dont la première version comportait comportait une bande rose en plus des 7 couleurs traditionnelles.

• • • • • • • • • • • • • • •

TAXI

Taxis roses

Initiative de femmes ayant vécu des expériences désagréables dans des taxis conduits par des hommes, des taxis roses réservés aux femmes ont fait leur apparition dans plusieurs villes du monde.

• • • • • • • • • • • • • • •

Barbie

La poupée Barbie, née en 1959 à l'époque de l'engouement des femmes américaines pour le rose, est inséparable de cette couleur. Plus d'un milliard de poupées ont été vendues, sans compter des centaines d'accessoires en majorité roses.

• • • • • • • • • • • • • • •

Le seul shampoing rose, même le parfum est "pink" - 1967 Lustre Cream

Assortissez votre voiture à votre rouge à lèvres -1967 Tussy

Les noms du rose

Nous avons dénombré plus de 150 noms donnés aux nuances de rose, sans même prendre en compte les appellations fantaisistes des fabricants de peintures, de tissus ou de cosmétiques. Ce nuancier représente les plus courants et les plus consensuels, et quelques-uns presque oubliés. Souvent, plusieurs termes désignent la même couleur, comme buvard et bubble-gum, par exemple, ou bien la référence est imprécise, comme souvent avec les noms de fleurs. De même avec le saumon, par exemple : cru, cuit ou fumé ? Certains verront un orange ou un mauve que d'autre qualifieront de rose. Personne ne peut prétendre détenir la vérité colorimétrique, il faut donc prendre ce nuancier comme un point de départ. Et il est nécessairement imparfait car la nature est heureusement beaucoup plus riche en nuances que les encres d'impression.

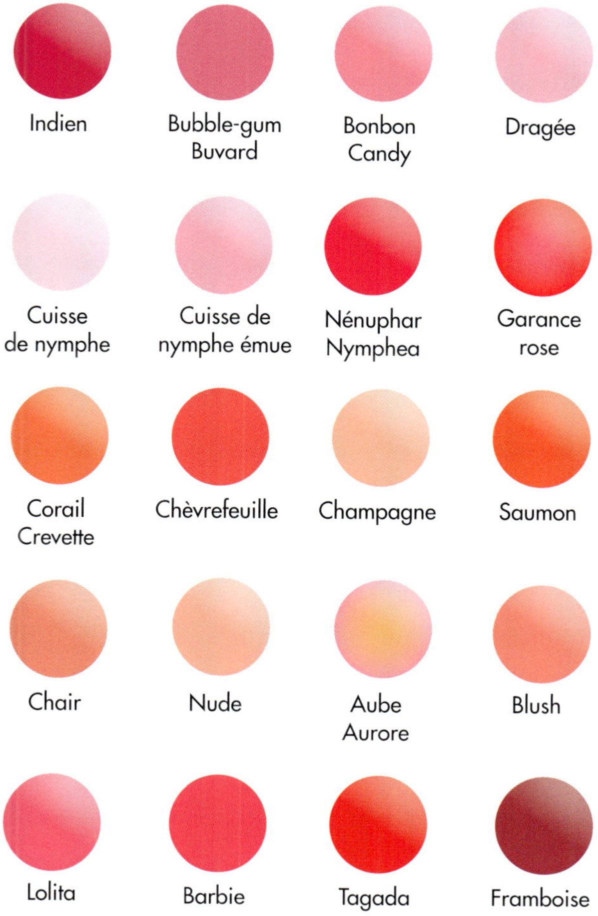
Indien
Bubble-gum Buvard
Bonbon Candy
Dragée
Cuisse de nymphe
Cuisse de nymphe émue
Nénuphar Nymphea
Garance rose
Corail Crevette
Chèvrefeuille
Champagne
Saumon
Chair
Nude
Aube Aurore
Blush
Lolita
Barbie
Tagada
Framboise

Les noms du rose

Nuances, nuances… zoom sur quelques noms originaux

Puce
C'est un gris tirant sur le rose ou le violet. Il tire son nom de la femelle de l'insecte, gonflée du sang qu'elle a sucé.

Rose tyrien
Entre rose et mauve, il tire son nom de la ville de Tyr, au Liban. C'est dans cette ville que les Phéniciens produisaient la pourpre, teinture violette fabriquée avec le coquillage murex.

Balais
Un rouge violacé plutôt pâle, c'est une nuance propre à une variété de rubis.

Tiepolo
Giambattista Tiepolo est un peintre italien (1696-1770) auquel Proust fait référence à plusieurs reprises pour décrire un rose proche du rouge : « Et les manches étaient doublées d'un rose cerise qui est si particulièrement vénitien qu'on l'appelle rose Tiepolo. »

Œil-de-perdrix
Nom de couleur utilisé pour un vin rosé, tirant son nom de la couleur que prend l'œil d'une perdrix à l'agonie.

Pompadour
Inventé pour la porcelaine de la Manufacture royale de Sèvres, ce rose fit fureur à la cour de Louis XV qui le nomma en hommage à sa favorite.

L'origine des roses magenta, cuisse de nymphe, pomelo, Vichy, Schiaparelli et de quelques autres est disséminée dans ce livre…

Think pink !

(Bannir le noir, brûler le bleu, enterrer le beige ! Le rouge est mort, le bleu est passé, le vert obscène, le brun tabou.). La solution : **Think pink !** (*pensez rose*).

C'est la première scène mémorable de la comédie musicale *Funny Face* (Drôle de frimousse) avec Audrey Hepburn et Fred Astaire, sortie au cinéma en 1957, après son succès à Broadway. Se moquant gentiment des milieux de la mode, elle raconte les tribulations d'un modèle et d'un photographe à Paris, tandis que la rédactrice en chef d'un magazine tente de convertir le monde entier à la couleur rose.

À la fin des années 1930, la créatrice de mode italienne Elsa Schiaparelli lance une couleur inédite : le rose « shocking ». Elle demande à Leonor Fini de créer le flacon du parfum du même nom, qui s'inspire du buste de l'actrice Mae West. Il est emballé dans une boîte rose vif, avec en mineure un rose foncé tirant sur le bordeaux. Le choix du rose est inspiré d'un diamant de Cartier, la Tête de bélier.

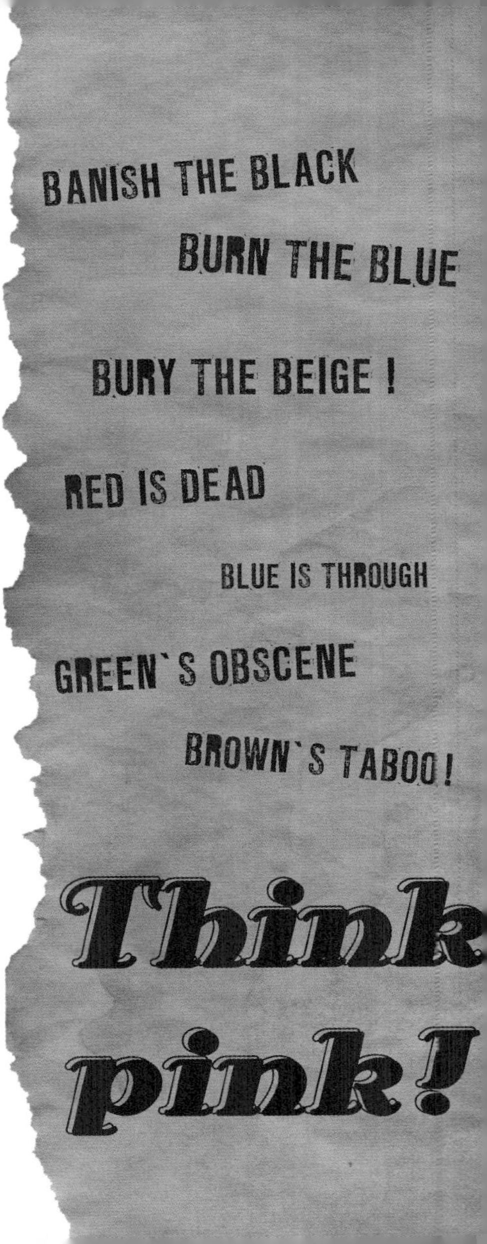

Vins rosés

Quiz rosé

VRAI OU FAUX ?

Le rosé est un mélange de vin rouge et de vin blanc.

☒ FAUX Le rosé a une vinification spécifique, et tire sa couleur de la brève macération de la peau des raisins. Plus elle est longue, plus le rose sera soutenu.
Seul le Champagne rosé peut être assemblé à partir d'un rouge et d'un blanc, sinon il porte le label "Rosé de Saignée".

Toutes les appellations de rosé existent en rouge ou en blanc.

☒ FAUX Parmi toutes les appellations d'origine contrôlée (AOC) rosé, deux sont exclusivement rosé : le Tavel (Vallée du Rhône) et le Rosé des Riceys, un Champagne Rosé.

La Provence est la première région productrice de rosé.

☑ VRAI On y produit 40% du rosé français. 87% de la production de Provence est en rosé.

La France exporte plus de rosé qu'elle n'en importe.

☒ FAUX La France représente un tiers de la consommation mondiale de rosé, alors qu'elle en produit ¼.

Le rosé est à la mode.

☑ VRAI La production de rosé est en hausse constante depuis 10 ans. Le rosé représente plus du quart des bouteilles vendues en France, et 10% dans le monde. Partout le rosé est de plus en plus apprécié, en particulier aux États-Unis.

palette des rosés de Provence

La palette des rosés du monde

La couleur des rosés varie selon les pays d'origine. Au nord, les vins les plus pâles tirant vers le jaune, au sud les plus colorés et rouges. Les couleurs en France et Italie sont elles-mêmes très variées, la couleur représentée ici est une moyenne.

Source : Conseil interprofessionnel des vins de Provence / Centre du rosé

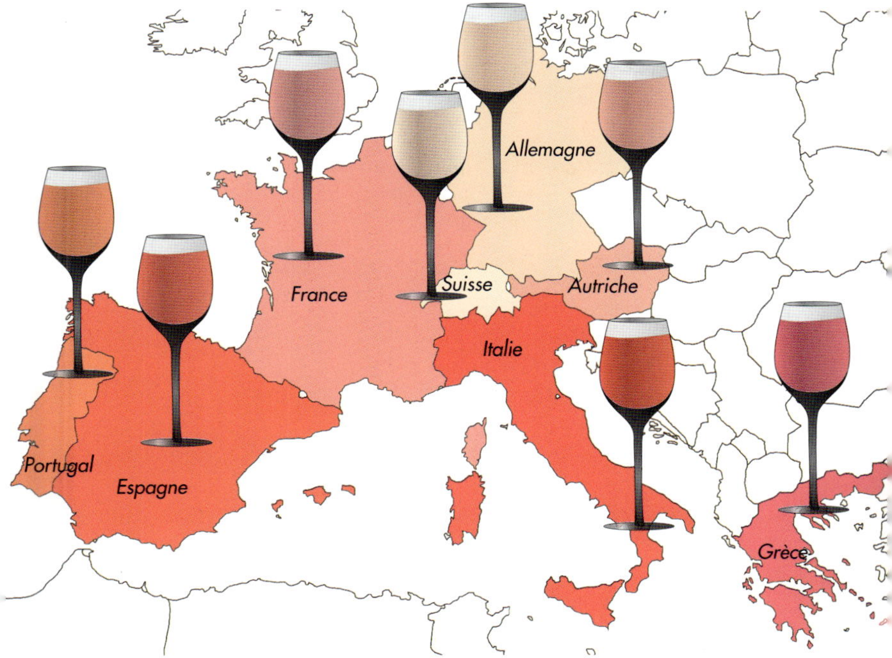

La gamme chromatique des rosés est beaucoup plus large que celle des vins blancs ou rouges. Comme tous les professionnels qui travaillent avec la couleur, les vignerons et négociants ont besoin d'un langage commun. Le Centre du rosé a mis au point un nuancier de 9 tons pour les rosés de Provence, nommés d'après des fruits.

Miscellannées roses

Le personnage animé de la Panthère rose a été créé pour le générique du film de Blake Edwards ***La Panthère rose*** (1963), avec Peter Sellers qui jouait l'inspecteur Jacques Clouseau. Le générique eu tellement de succès qu'il a donné naissance aux dessins animés que l'on connaît. La Panthère rose n'est pas le surnom de l'inspecteur, mais celui du diamant rose qui est au centre de l'intrigue. Il s'appelle ainsi à cause d'un défaut en son centre, qui ressemble à une panthère bondissante.

La **Pink Lady** est une marque déposée pour les pommes de la variété Cripps Pink, issues du croisement de Golden Delicious et Lady Williams. Le cocktail Pink Lady lui a donné son nom, en référence à sa couleur rosée.

Le groupe de rock psychédélique ***Pink Floyd*** est baptisé ainsi en l'honneur de deux bluesmen, Pink Anderson et Floyd Council. Rien à voir avec les flamants roses (pink flamingos).

En japonais, le mot traditionnel pour la couleur rose est ***Momoiro***, qui signifie pêche. Mais les japonais utilisent volontiers le *Pink* anglais. Momoiro désigne aussi en argot les fesses, par analogie avec la forme de la pêche et, du coup, le sexe de la femme est surnommmé ***Pinku***.

Le magenta est le rouge primaire qui, combiné avec le jaune et le bleu cyan (et avec l'aide du noir et du blanc), permet de créer toutes les couleurs. Pourquoi ***magenta*** ? En 1859, le premier colorant synthétique, la fuschine, fut inventé. Proche de la couleur du pantalon des zouaves de Napoléon III, il fut nommé d'après le lieu de leur bataille victorieuse contre les Autrichiens, la ville de Magenta, en Italie.

Qu'ont en commun Hello Kitty, le Bisounours Groschéri, Barbapapa, un des cinq Power Rangers, Kirby, Porcinet, Porky Pig, Miss Piggy, Mon Petit Poney et la Panthère ***rose*** ? Zut j'ai donné la réponse.

Le jour s'annonce à l'Orient,
De pourpre se coloriant,
Le doigt du matin souriant
Ouvre les roses !
Et sous la garde d'un gamin
Qui tient une gaule à la main,
On voit passer sur le chemin
Les cochons roses.

Le rose rare au ton charmant
Qu'à l'horizon, en ce moment,
Là-bas, au bord du firmament
On voit s'étendre,
Ne réjouit pas tant les yeux,
N'est pas si frais et si joyeux
Que celui des cochons soyeux
D'un rose tendre!

Pastorale des cochons roses
(1889)
Paroles : Edmond Rostand
Musique : Emmanuel Chabrier

En 1946, à la sortie de la guerre, Edith Piaf enregistre ***La vie en rose***. C'est la première chanson écrite par Piaf, à la demande de son amie Marianne Michel. La légende raconte qu'à une terrasse de café, Piaf griffonne sur une nappe *Quand il me prend dans ses bras, qu'il me parle tout bas, je vois les choses en rose*, Marianne Michel lui suggère de remplacer *les choses* par *la vie*. C'est elle qui l'interprétera, avant que Piaf la reprenne à son compte devant son succès.

Mademoiselle Rose, au Cluedo, joue toujours la première, afin de savoir si le Colonel Moutarde a commis le crime avec le chandelier dans la chambre. Son pion n'est pas rose, mais rouge. Au Canada et dans la version anglaise, elle est d'ailleurs *Mademoiselle Scarlett* (écarlate).

Cocktails roses

Gin Rose

Verser l'Angostura et faire tourner pour enduire les parois du verre. Verser le gin très froid. Ajouter un zeste de citron. On peut ajouter du tonic pour les petites natures.

Strawberry Daïquiri

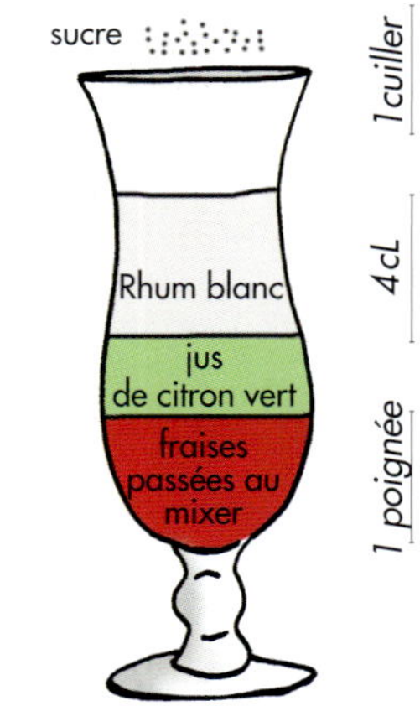

Un long drink classique qui existe dans une version *frozen* si on y incorpore de la glace pilée en abondance.

TOMATE RICARD

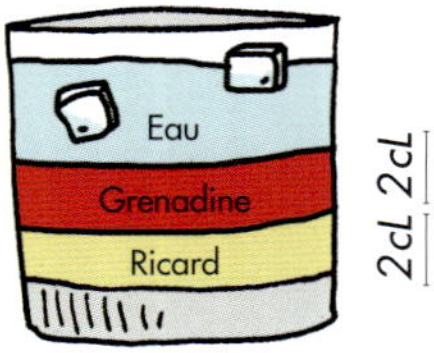

Apéritif traditionnel du Sud, la douceur de la grenadine vient tempérer l'anis et la réglisse du pastis, pour un apéritif rosé qui tend vers l'orange.

Lait fraise

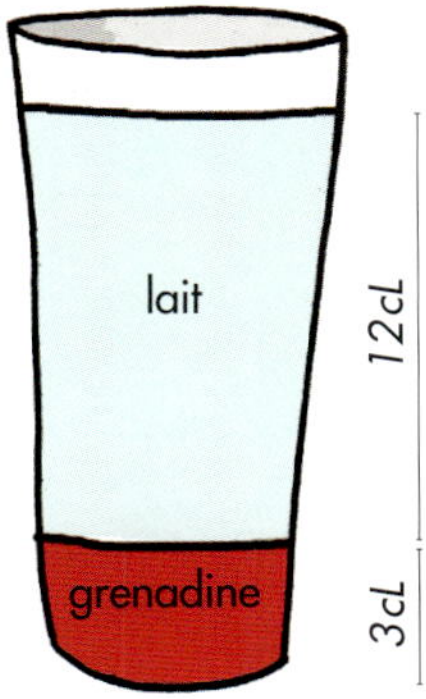

Sans alcool, c'est le rose à l'état pur, pour autant que l'on ait soin de choisir de la grenadine avec colorant !

Shirley Temple

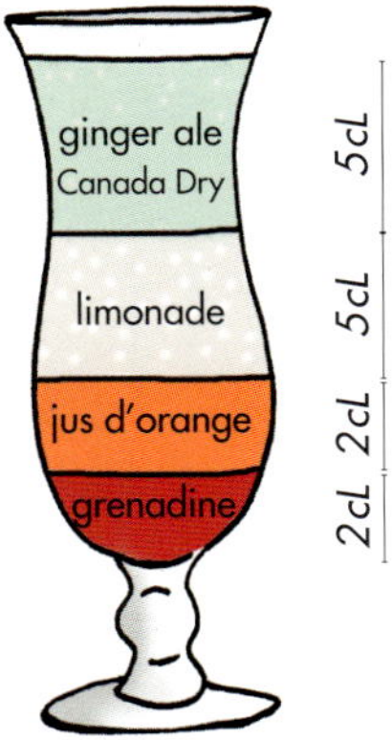

Sans alcool, du nom de l'actrice américaine qui a démarré sa longue carrière cinématographique dès l'âge de 3 ans.

Pink Lady

Dans un shaker, secouer très fort pour que les blancs donnent une boisson très mousseuse.

Un jardin rose

La couleur rose est la couleur des fleurs par excellence. Elles sont nombreuses à arborer cette couleur, voici quelques variétés pour composer un jardin rose avec la garantie que la large palette des nuances de rose n'en feront pas un jardin monotone.

Cœur-de-Marie
Amarante Dahlia
Hortensia Ciste
Volubilis Laurier-rose
Primevère Camélia
Valériane Orchidée
Rhododendron Azalée
Ciboulette
Lilas Magnolia
Véronique
Tulipe
Bégonia Saxifrage
Géranium
Clématite Rose
Bougainvillier
Bruyère Hibiscus
Fuchsia Anémone

Anémone

Fleur de pommier

Fuchsia

Amaryllis équestre

Géranium

Laurier-rose

Hortensia

Œillet

Jacinthe

Pivoine

Pois de senteur

Pervenche

Recette des roses séchées

Pour faire mentir Ronsard, qui déplore que la rose ne vive que le temps d'une journée, la solution est de faire sécher ce beau bouquet plutôt que de le confier à votre poubelle. En séchant, le rose vif se grisera dans de subtils tons de vieux rose. À essayer aussi avec les hortensias, superbes quand ils sont secs. Les roses en bouton font de belles fleurs séchées. Il y a plusieurs recettes pour bien faire sécher les roses.

Ô vraiment marâtre Nature,
Puisqu'une telle fleur ne dure
Que du matin jusques au soir !

Recette n°1 : à l'air libre

C'est la plus simple, qui fonctionne bien avec les roses, moins bien avec certaines autres fleurs. Sortez les roses du vase, avant qu'elles ne soient fanées, et coupez au sécateur le bas des tiges abîmé par l'eau. Retirez les feuilles pour n'en laisser que quelques-unes, ainsi que les épines. Attachez le bouquet avec une ficelle. Faites plusieurs petits bouquets s'il y a beaucoup de fleurs. Choisissez un endroit sec et obscur : un grenier, un garage, un placard. L'obscurité totale est idéale car la lumière fait passer leur couleur. Suspendez le bouquet la tête en bas. Laissez les fleurs au minimum deux semaines, plus longtemps si vous constatez qu'elles ne sont pas totalement sèches.

Recette n°2 : la glycérine

La glycérine évitera que le séchage rende trop cassants les pétales. Dans le fond d'un vase, mélangez de l'eau chaude et de la glycérine à part égale, pour un volume d'environ un ou deux verres, à ajuster en fonction de la taille du vase. Quand le liquide est en grande partie absorbé, suivez la recette du séchage à l'air libre.

Recette n°3 : le gel de silice

Dans un récipient à fermeture hermétique, versez une couche de gel de silice. Placez les fleurs à plat, puis recouvrez d'une seconde couche de gel. Fermez et surveillez le séchage tous les jours. Éliminez au pinceau les cristaux de silice qui pourraient rester.

Recette n°4 : au four

C'est la méthode la plus rapide. Placez les roses sur un papier de cuisson, réglez le four autour de 80 °C et faites « cuire » pendant 2 h pour les petites roses ou 3 h pour les grosses.
Il y a une variante au micro-ondes mais elle est plus aléatoire, avec une « cuisson » à basse température pendant quelques minutes. Placez les roses dans un verre.

Harmonies du rose

Complémentaires

La complémentaire d'une couleur est celle qui se trouve à l'opposé sur le cercle chromatique : le vert et le rouge, le jaune et le violet, par exemple.

La combinaison de deux couleurs complémentaires assure un impact maximal, mais n'est pas nécessairement harmonieuse. Avec le rose, le jeu des complémentaires prend une tournure plus subtile. Selon la tonalité du rose, du violacé à l'orangé, la complémentaire va aller d'un vert cru à un turquoise. L'utilisation d'une teinte complémentaire dans une harmonie autour du rose va venir la réveiller et éviter qu'elle tombe dans le kitsch ou le doucereux.

Si ce camaïeu de roses vous paraît un peu sucré, il suffira de le réveiller avec un magenta plus saturé, ou simplement un noir.

Ce faux camaïeu parcourt toutes les tonalités du rose, du mauve au corail, dans des tonalités calmes mais soutenues.

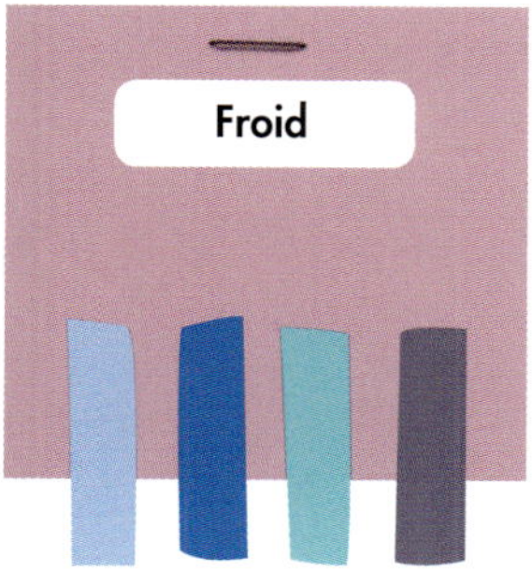

Bien que dérivé du rouge, le rose peut se refroidir s'il s'approche des mauves. En le mariant à des bleus, on trouve une harmonie dans les tons froids, le rose étant le point le plus chaud.

Harmonies

Plus on va du côté des oranges, plus on est chaud. Cette harmonie joue sur les voisines chaudes du rose. En déco, le brun peut être du bois.

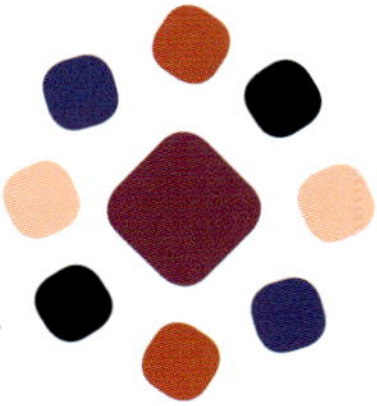

Autour d'un rose éteint, mais coloré, deux couleurs affirmées et deux neutres, l'un noir et l'autre chair. En mode, l'une des neutres peut être la couleur de la peau.

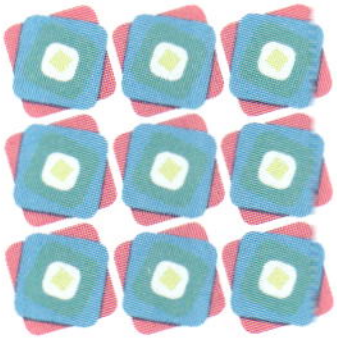

Soleil impératif pour ce mix très fifties. Autour du rose bubble-gum, un jeu de turquoise, bleu clair (mais pas trop) et jaune paille. Ne pas oublier le blanc pour donner de l'espace.

Un mix pastel qui joue la fraîcheur. Le vert anis complémentaire des deux tons de rose vient les réveiller, alors que les beiges calment l'affrontement.

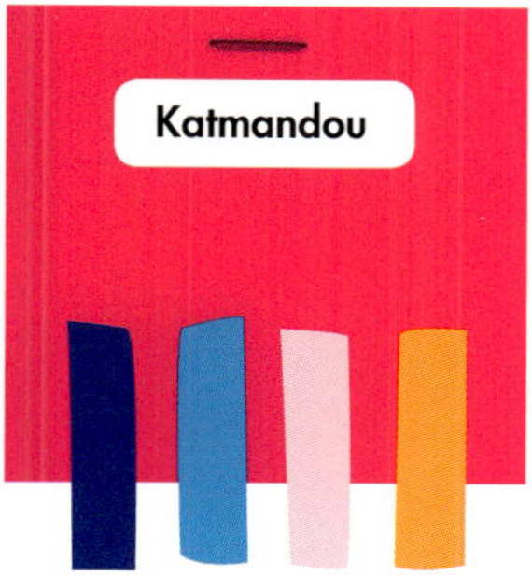

À partir d'un rose oriental, une déclinaison de couleurs franches pour des évocations indiennes. Ou pour une ambiance hippy, si la gamme est déclinée en motifs floraux. Peace and love !

Une ambiance moderne plutôt masculine, urbaine, avec deux couleurs affirmées mais subtiles, tempérées par un rose calme. Le brun et le beige assoient l'ensemble.

Hanami

Le Hanami est une tradition japonaise millénaire de contemplation des fleurs, en particulier celles des *sakura*, les cerisiers. Marquant l'arrivée du printemps, cette floraison rassemble dans les parcs toutes les générations, créant ainsi un événement national.
Les roses délicats et éphémères des petites fleurs en grappe sont photographiés et aquarellés à foison. Les poètes y trouvent l'occasion de composer des haïkus traditionnels célébrant la beauté de la nature.

À la voix des gens
les fleurs de cerisiers
ont rougi un peu

Haïku de Kobayashi Issa
(1763-1827)

Rose beauté

Les femmes ont depuis toujours utilisé des préparations de couleur rose pour rehausser leur teint, avec des fards surnommés simplement « rouge », comme en témoignent ces extraits et ces recettes tirées de l'*Encyclopédie* de Diderot et d'Alembert au XVIIIe siècle.

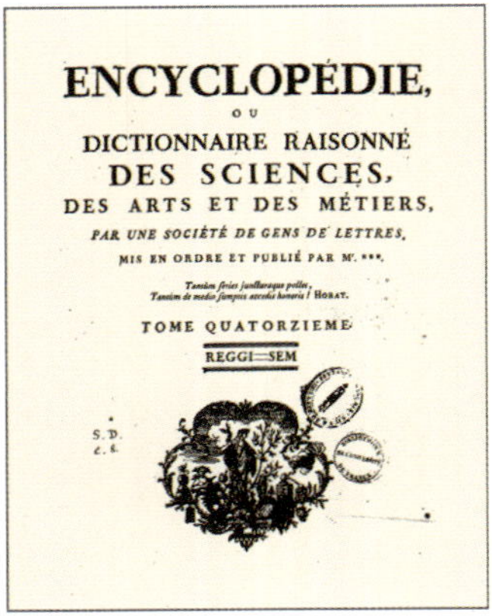
ENCYCLOPÉDIE,
OU
DICTIONNAIRE RAISONNÉ
DES SCIENCES,
DES ARTS ET DES MÉTIERS,
PAR UNE SOCIÉTÉ DE GENS DE LETTRES.
MIS EN ORDRE ET PUBLIÉ PAR M. ***.

Tantùm series juncturaque pollet,
Tantùm de medio sumptis accedit honoris! HORAT.

TOME QUATORZIEME.
REGGI = SEM

ROUGE, s. m. (Cosmetiq.)

Espèce de fard fort en usage, que les femmes du monde mettent sur leurs joues, par mode ou par nécessité. En d'autres termes, c'est :

Cette artificieuse rougeur
Qui supplée au défaut de celle
Que jadis causait la pudeur.

(...) Il n'y a pas longtemps que le beau sexe (...) a mis en vogue l'art barbare de se peindre les joues de ce rouge éclatant. (...) Est-ce pour réparer les injures du temps, rétablir sur le visage une beauté chancelante, & se flatter de redescendre jusqu'à la jeunesse, que nos dames mettent du rouge flamboyant ? (...) si l'on renonce à ce rouge éclatant, il faudra donc paraître pâle. C'est une cruelle alternative, car on veut mettre absolument du rouge de quelque espèce qu'il soit, pâle ou flamboyant. On ne se contente pas d'en user lorsque les roses du visage sont flétries, on le prend même au sortir de l'enfance. (...)

PURPURISSUS

Fard rouge porté par les dames grecques et romaines

Le rouge dont on faisait usage anciennement se nommait *purpurissus*, sorte de vermillon préparé ; c'était un fard d'un très beau rouge purpurin, dont les dames grecques et romaines se coloraient le visage. Il paraît par sa composition qu'il avait quelque chose d'approchant de ce que nos peintres appellent rose d'œillet, carnation d'œillet, en anglais *rose-pink*. Il était fait de la plus fine espèce de craie blanche, dissoute dans une forte teinture pourpre, tirée de l'écume chaude du poisson *purpura*, du murex, ou à leur défaut des racines et bois qui teignent en rouge. (...)

ROUGE D'ESPAGNE

Fard rouge, porté par Catherine de Médicis

On lave plusieurs fois dans l'eau claire les étamines jaunes du carthame ou safran bâtard, jusqu'à ce qu'elles ne donnent plus la couleur jaune ; alors on y mêle des cendres gravelées, & on y verse de l'eau chaude. On remue bien le tout, ensuite on laisse reposer pendant très peu de temps la liqueur rouge ; les parties les plus grossières étant déposées au fond du vaisseau (...) ; lorsque la lie qui reste dans ces vaisseaux, après en avoir versé l'eau, est parfaitement sèche, on la frotte avec une dent d'or. De cette manière on la rend plus compacte, afin que le vent ne la dissipe point lorsqu'elle est en fine poussière. Le gros rouge se fait de cinabre minéral bien broyé avec l'eau-de-vie et l'urine, et ensuite séché.

Rose chair des artistes

Selon *De coloribus libellus*, un traité de référence de 1528, *roseus* est la plus agréable de toutes les couleurs, parce qu'elle est la plus proche de la couleur de la chair (*incarnatus*). Comment définir, nommer et reproduire la couleur de la peau de la population d'origine occidentale ? Entre les considérations techniques des artistes, les connotations racistes, le politiquement correct, et les effets de mode, la peau rose des « blancs » en a vu de toutes les couleurs.

COULEURS DE PEAUX ET POTS DE COULEUR

Andreikelon
Le philosophe grec Aristote s'interroge beaucoup sur l'origine des couleurs, et sur leur mélange. Il cite l'*andreikelon,* qui définit à la fois l'image de l'homme et sa couleur, obtenue d'ocre rouge combinée à du blanc et du noir.

Carnatura, Leibfarbe, lijfverf
À la Renaissance, les peintres et miniaturistes français et italiens multiplient les recettes qui donnent autant de noms aux variations de la couleur de peau : *carnatura, sinopis, fulvus, ruscus*… Au nord, les Allemands et Hollandais déclinent également la « couleur des corps », en raffinant la succession des tonalités à appliquer pour un type de peau.

Incarnat, incarnadin
Incarnat est la nuance la plus rouge des tons chair. C'est un beau rouge qui représente « la chair vive et fraîchement coupée », selon l'*Encyclopédie* :
Jouvencelle au teint délicat
Mêlé de blanc et d'incarnat.
Selon les sources, *incarnadin* est synonyme d'*incarnat,* ou s'en distingue par une tonalité plus claire.

Blush
Ce verbe anglais « rosir d'émotion » désigne la couleur, typiquement féminine, que l'on ajoute en touche finale d'une peinture — ou d'un maquillage. Le terme français est *fard à joue,* mais *blush* est utilisé pour définir la couleur. Peu de temps avant la fin de *Blanche-Neige,* son premier dessin animé en 1937, Walt Disney trouve son héroïne trop blanche et fait reprendre des dizaines de milliers de dessins pour lui donner un coup de blush.

Chair
C'est le terme le plus courant, mais il ne qualifie qu'une partie des peaux du monde. C'est ainsi que le fabricant américain de crayons de couleurs Crayola a, dans le contexte du mouvement civique à la fin des années 1950, changé le nom de son crayon *skin* (peau) pour *pêche.*

Nude
Adopté récemment par l'industrie de la mode, la couleur *nude* (*nu* en anglais) a remplacé *chair,* sans toutefois se détacher de la référence aux peaux claires. *Nude* couvre une palette de couleurs claires entre un beige peu coloré (champagne ou sable) et un beige rosé légèrement orangé (pêche). Alors que *chair* est en général plus soutenu.

Le rose c'est la santé

Les ***Pilules Pink pour personnes pâles*** (Pink Pills for Pale People) furent inventées par le Dr William Jackson en 1886. Le pharmacien canadien George Fulford rachète le brevet pour 53,01 $ et fait fortune avec ces pillules roses. Vendues à grand renfort de publicités, basées sur des témoignages trop beaux pour être vrais, elles sont censées donner un teint rose synonyme de bonne santé, et guérir des maladies. Les pilules roses contiennent de l'oxyde de fer (colorant rouge) et du sulfate de magnésium.

Parmi ses concurrents, les *Pilules rouges pour femmes pâles et faibles* (Red Pills for Pale and Weak Women) et les *Pilules bleues pour personnes bleues* (Blue Pills for Blue People).

Les pénuries de l'après-guerre ont popularisé « le bas fond de teint » pour simuler la présence de bas de soie sur des jambes nues et leur donner des couleurs. Les perfectionnistes allaient jusqu'à imiter la couture arrière d'un trait de Rimmel.

La beauté n'est pas une question de peau. C'est une question de sang. Il n'y a p...
sans un san...
courbe grac...
yeux, ce rosé...
ils sans un...
Les Pilules...
régénérateu...
Elles déve...
la beauté ...
sionomie...
forme en...
sang riche...
stimulent l...
surmenés...
Elles ba...
des cou...
aux yeu...
Elles pro...
tité de ...
cates fo...

Anémie des jeunes filles.

Il y a une sorte d'anémie qui afflige les jeunes filles au moment de la formation et qui, plusieurs années après, les éprouve encore, anémie appelée avec raison « Anémie de développement ». Cette maladie négligée ou mal soignée est la cause d'une vie malheureuse, d'une vie de souffrances. Les Pilules Pink sont particulièrement aptes à guérir cette maladie.

Rappelez-vous qu'une jeune fille débile, pâle, anémiée ne deviendra jamais une femme robuste. Les Pilules Pink peuvent tout changer dans l'état de la jeune fille débile, anémique. Il faut en faire usage. Elles ont donné partout des résultats si brillants qu'on se doit de les essayer. En présence des nombreuses guérisons obtenues par les Pilules Pink, ce n'est pas une expérience que l'on tente mais un traitement ayant fait ses preuves que l'on suit, et qui vous guérira.

Éternelles Malades.

Les femmes sont d'éternelles malades, qui souffrent stoïquement en silence. Si votre pudeur vous a empêché de vous soigner, sans faire l'aveu à personne de votre mal, vous pouvez vous soigner et renaître à la santé parfaite. Faites comme les personnes dont nous allons parler, prenez les Pilules Pink qui vous donneront à vous aussi, d'excellents résultats.

Mme MARTIN, âgée de 49 ans, demeurant ... Nancy (Meurthe-et-Moselle), ... période de l'âge

Le bon tonique pour les femmes "Pilules Pink"

A des époques régulières, les forces des femmes sont durement et parfois longuement mises à l'épreuve. Quand, à ces fatigues mensuelles s'ajoutent les fatigues d'un travail journalier pénible, il n'est pas surprenant de voir le sang s'appauvrir et l'épuisement suivre.

Les femmes affaiblies trouveront dans les Pilules Pink le tonique vraiment approprié à leurs be...

LES PILULES PINK

Régénérateur du sang — Tonique des nerfs

GUÉRISSENT :

Pauvreté du sang; Anémie; Chlorose; Palpitations du cœur; Perte de l'appétit; Indigestion, Dyspepsie; Suites de l'influenza;

Éruptions; Pâleur du visage; Faiblesse générale; Respiration courte; Rhumatisme chronique et articulaire;

Sciatique; Neurasthénie; Névralgies; Maladies nerveuses; Danse de Saint-Guy; Périodes irrégulières; Leucorrhée.

LE SECRET DE LEUR SUCCÈS

Les PILULES PINK ne sont pas un remède à tous les maux.

Les maladies mentionnées ci-dessus sont en apparence différentes, mais en réalité ont une origine commune la pauvreté du sang, la faiblesse du système nerveux.

Les PILULES PINK donnent du sang, tonifient les nerfs.

Trompés et pas guéris

Voilà ce qui arrive à ceux qui acceptent des imitations, des substitutions, des contrefaçons. Les Pilules Pink véritables sont vendues dans une boîte comme celle ci-dessous. Regardez-la bien.

Le texte est imprimé en BLEU sur ...
La marque des PILULES PINK ...

Bonbons rose bonbon

Bâtons de guimauve

Souvent rose, mais aussi proposé dans un arc-en-ciel de parfums aux couleurs pastels, le bâton de guimauve a longtemps orné les comptoirs des pharmacies. Fabriqué à partir de blancs d'œufs et d'une racine d'une plante (la guimauve officinale), il calme la toux et a des vertus émollientes, c'est à dire qu'il… ramollit celui qui la mange.

Malabar

Créé en France en 1958, et maintenant propriété de Cadbury, ce chewing-gum est le champion des bulles roses qui éclatent à grand bruit, laissant au passage quelques pelures roses sur les joues enfantines et des décalcomanies sur leurs mains.

Dragées

Distribuées aux mariages et baptêmes (des petites filles) les dragées sont-elles rose bonbon ? Pas tout à fait puisqu'on parle souvent de rose dragée, une version un peu plus pâle du rose bonbon…

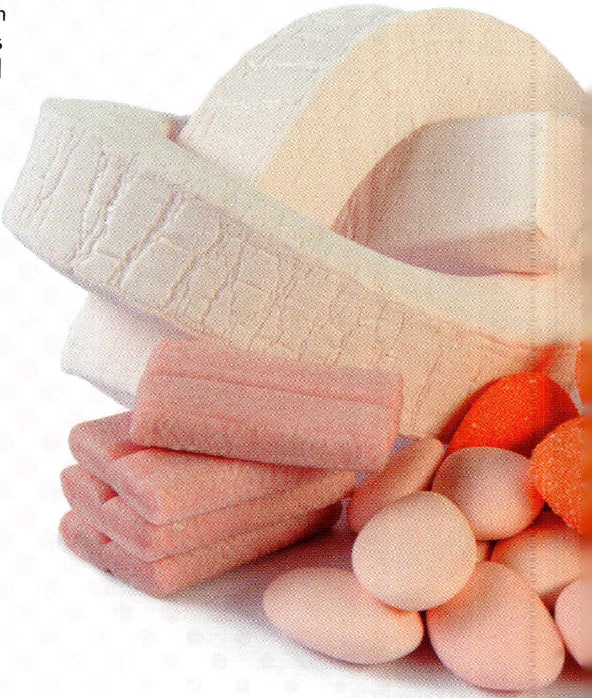

Fraises Tagada

La forme de la fraise, le goût de la fraise, la couleur de la fraise (en un peu moins rouge), cette guimauve revisitée signée Haribo est gobée en France un milliard de fois dans l'année. Existe dans une version *pink*.

Marsh-mallow

Dans cette version industrielle de la guimauve, la plante a disparu au profit de gélatine et autres ingrédients moins romantiques. En général, il est rose ou blanc. Compagnon indispensable des feux de camp, le marshmallow y est grillé au bout d'un bâton, transformant sa couleur rose bonbon en brun grillé, ou plus souvent en noir charbon.

Loukoum

Il fut inventé sur les bords du Bosphore il y a 500 ans, et son nom *rahat lokum* signifie *confort de la gorge*. Parmi ses nombreuses saveurs, la vedette est le loukoum parfumé à la rose.

Pétales de rose

Quand un pétale de rose rencontre un bain de sucre, on obtient cette gourmandise florale datant de la nuit des temps.

Biscuits roses

Si Reims est la capitale du Champagne, c'est également la ville du biscuit. Et les deux vont bien ensemble car le Biscuit rose de Reims, très ferme, peut être trempé dans du Champagne (mais aussi du Porto, du muscat ou du vin rouge) sans qu'il tombe en miette, ni qu'il dénature le goût car il est peu sucré.

Il est né vers 1690, quand des boulangers champenois créèrent une recette destinée à profiter de la chaleur du four à pain après la cuisson, pour cuire une pâte (une base classique de sucre, farine et œufs aérée par des blancs d'œufs battus), puis la laisser dans le four où elle finissait de sécher. C'était la naissance du «bis-cuit», cuit deux fois.

À l'origine, le gâteau était blanc. On voulut arômatiser la pâte à la vanille. Pour ce faire, on devait écraser la gousse au mortier avec du sucre pour en extraire la substance arômatique sous forme de petites particules de couleur presque noire. Mélangées à la pâte d'un blanc éclatant, ces particules de vanille tachetaient le gâteau fini. On eut alors l'idée de masquer cette pigmentation avec un peu de colorant naturel rouge carmin (à base de cochenille), qui lui donna cette couleur rose.

C'est la maison Fossier, la plus ancienne biscuiterie de France fondée en 1756, qui aujourd'hui est gardienne de la tradition de ce biscuit rose.

TEMPS DE PRÉPARATION : 15 MIN
NIVEAU DE DIFFICULTÉ : FACILE
TEMPS DE REPOS : 2 H

Tiramisu de Biscuits roses à la framboise

Pour 6 personnes :

30 Biscuits roses de Reims
5 œufs
50 g de sucre glace
500 g de mascarpone
20 cl de jus de framboise
200 g de framboises
Quelques framboises et de la poudre de Biscuits roses pour la finition

Préparation

Casser les œufs en séparant les blancs des jaunes. Montez les blancs en neige ferme. Fouettez les jaunes avec le sucre glace pendant 3 min au batteur électrique jusqu'à ce que le mélange blanchisse et devienne mousseux.

Ajoutez le mascarpone et continuez de battre pendant quelques minutes. Incorporez délicatement les blancs en neige. Imbibez les Biscuits roses de jus de framboise.

Tapissez le fond de votre plat de biscuits en les faisant se chevaucher légèrement. Recouvrez-les d'un tiers de crème mascarpone et d'une couche de framboises. Renouvelez ces deux couches puis terminez par le dernier tiers de crème mascarpone.

Laissez reposer 2 h au réfrigérateur.

Au moment de servir, décorez le tiramisu de quelques framboises et saupoudrez-le de poudre de Biscuits roses.

Cette recette est proposée par la maison Fossier.

Ronsard, ses mignonnes et ses nymphes

Le poète Pierre de Ronsard (1524-1585) a fleuri nombre de ses poèmes de mentions de roses (la fleur et la couleur), allégories pour parler de la femme, de son teint, voire même de son physique. La délicatesse des tons rosés prêtés par la poésie au teint de peau féminin a donné naissance à des appellations de couleurs roses pour le moins imagées, comme

Cuisse de nymphe
Cuisse de nymphe émue
Baise-moi ma mignonne

ce dernier terme étant directement emprunté à Ronsard.

Le pépiniériste Meilland a donné le nom *Pierre de Ronsard* à un rosier grimpant, aux pétales rose tendre ombrés de rose carmin, ou blanc nacré teinté de rose clair. C'est un des rosiers les plus populaires, dans le monde entier. Il est apprécié pour sa couleur emblématique de la rose, la forme de ses grandes fleurs doubles aux 70 pétales, sa floraison très soutenue et sa résistance au froid. Mais ses fleurs ne sont pas parfumées.

Mignonne, allons voir si la rose
Qui ce matin avait déclose
Sa robe de pourpre au soleil,
A point perdu cette vesprée
Les plis de sa robe pourprée,
Et son teint au vôtre pareil.

À Cassandre, Ode I

Douce Maîtresse, touche,
Pour soulager mon mal,
Ma bouche de ta bouche
Plus rouge que coral ;
Que mon col soit pressé
De ton bras enlacé.
(…)
Belle, par qui je donne
À mes yeux, tant d'émoi,
Baise-moi ma mignonne,
Cent fois rebaise-moi :
Et quoi ? faut-il en vain
Languir dessus ton sein ?

Douce Maîtresse

Ma petite Nymphe Macée,
Plus blanche qu'ivoire taillé,
Plus blanche que neige amassée.
Plus blanche que le lait caillé,
Ton beau teint ressemble les lis
Avecque les roses cueillis.
(…)
Te voyant jeune, simple et belle,
Tu me suces l'âme et le sang ;
Montre-moi ta rose nouvelle,
Je dis ton sein d'ivoire blanc,
Et tes deux rondelets tétons,
Que s'enflent comme deux boutons.

À une jeune fille, Ode VIII

Est-il rien sans elle de beau ?
La Rose embellit toutes choses,
Vénus, de Roses, a la peau,
Et l'Aurore a les doigts de Roses,
Et le front le Soleil nouveau.

Les Nymphes, de Rose, ont le sein,
Les coudes, les flancs et les hanches;
Hébé, de Roses, a la main,
Et les Charites, tant soient blanches,
Ont le front de Roses tout plein.

Louanges de la rose et de la violette

Rose Éros

Ballets roses
Sombre affaire de mœurs en 1959, impliquant des notables et hommes politiques dans des soirées organisées avec des jeunes filles mineures.

Minitel rose
Adaptation du principe du téléphone au Minitel, les services en 3615 (le plus célèbre 3615 Ulla) ont défrayé la chronique à la fin des années 1980.

Téléphone rose
Services téléphoniques payants permettant de converser sur des sujets érotiques. Titre d'un film à succès de 1975 d'Edouard Molinaro avec Mireille Darc et Pierre Mondy.

Carré rose
Référence au carré blanc qui signalait à la télévision les émissions qui pouvaient heurter les enfants, le « carré rose » est synonyme de films gentiment érotiques.

Rrose Sélavy
Le surréaliste Marcel Duchamp créa en 1920 son double féminin imaginaire sous ce nom, en référence à Éros (R-Rose).

Barbara Cartland
L'auteur prolifique d'histoires sentimentales avec belles héroïnes et ténébreux héros avait une passion pour le rose, qu'elle portait la plupart du temps. Ses romans roses se sont vendus par millions dans le monde entier.

Saint-Valentin
Éros prend plutôt son nom latin de Cupidon pour sagement accompagner, avec abondance de roses, la Saint-Valentin, fête de l'Amour. Elle trouve son origine dans l'Antiquité avec les Lupercales, fêtes de la fécondité, où de jeunes garçons jouaient à cache-cache avec de jeunes filles avant de former des couples.

Éros est le dieu grec de l'Amour et a donné le mot érotisme, qui signifie au départ « désir amoureux ». Anagramme de Rose, Éros est lié à cette fleur, elle-même symbole d'amour. La couleur rose est devenue synonyme de passion amoureuse, qu'elle soit « à l'eau de rose » ou plus corsée.

Art rose

La Tamise
de **Monet**

Les portraits
de **Renoir**

Les tutus
de **Degas**

Les monopinks
de **Klein**

Les graffitis magenta
de **Haring**

Le flamant
de **Audubon**

Les fonds fluo
de **Warhol**

Les trames
de **Lichtenstein**

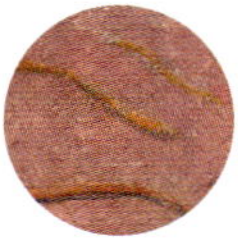

Les plages tahitiennes
de **Gauguin**

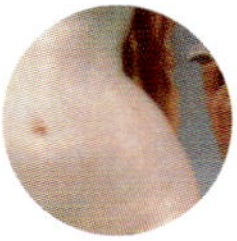

Les tendres chairs
de **Bouguereau**

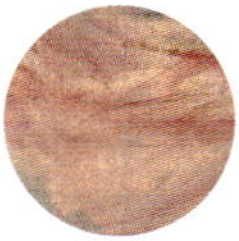

Les dessous
de **Toulouse-Lautrec**

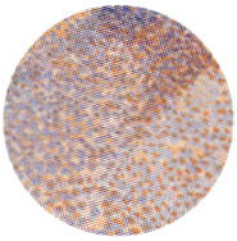

Les bords de mer
de **Cross**

Les drapés
de **Boucher**

Les îles
de **Christo**

Les roses
de **Manet**

Robert Havel d'après Audubon, *Flamant américain*, 1838. - François Boucher, *La lettre d'amour*, 1750. - William Bouguereau, *Naissance de Vénus*, 1897, WC.

Claude Monet, *Waterloo Bridge, Londres, coucher du soleil*, 1904.

Edgar Degas, *Après la danse*, 1876/1883

Henri de Toulouse-Lautrec, *Marcelle Lender dansant le boléro dans Chilperic*, 1895/1896.

Henri Cross, *La côte près d'Antibes*, 1891.

Auguste Renoir, *Jeanne Savary*, 1878

Édouard Manet, *Fleurs dans un vase de cristal*, 1882.

Paul Gauguin, *Paroles du diable*, 1892.

Au nom de la rose

Dans de nombreux textes anciens on parle de *couleur de rose*, comme si le rose n'était pas encore considéré comme une vraie couleur. Pourtant les latins distinguaient bien l'adjectif *roseus* pour définir la couleur de la fleur *rosa*, englobant les tonalités rouge vermeil, la légende voulant que le sang de Vénus ou d'Adonis ait coloré la fleur. Cette fleur à l'existence fugace, le temps que vivent les roses, s'éveille au petit matin, à *l'aurore aux doigts de rose*. C'est le moment de la rosée, mais si cette association ne manque pas de charme, elle est linguistiquement fortuite, les étymologies de *rose* et de *rosée* étaient différentes.

Billets roses

Imaginez…
Vous êtes directeur de la Banque nationale et vous devez créer un nouveau billet. Quelle couleur allez-vous choisir pour exprimer la solidité et la puissance de votre monnaie ? Rose ? Vous voulez rire ! Et pourtant…

Allemagne - *500 marks*

Australie - *5 dollars*

Comores - *5000 francs*

Corée du Nord - *100 won*

Cuba - *3 pesos*

France - *200 francs*

Iles Cook - *3 dollars*

Iran - *5000 rials*

Macau - *10 patacas*

Madagascar - *5000 francs*

Népal - *5 roupies*

Ouzbékistan - *500 sum*

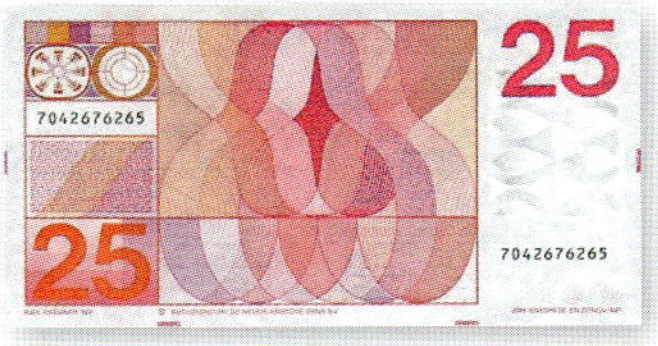

Pays-Bas - *25 florins*

Rép. tchèque - *50 couronnes*

Seychelles - *100 roupies*

Tanzanie - *10 000 shillings*

Ukraine - *200 hryven*

Zimbabwe - *20 dollars*

Bibliothèque rose

Louis Hachette crée la Bibliothèque des chemins de fer, afin de vendre des livres petit format et bon marchés.

La comtesse de Ségur remporte un grand succès avec *Les Malheurs de Sophie*, suivi de *Les Petites Filles modèles*.

Création de la Bibliothèque verte après le rachat des droits d'Alexandre Dumas et Jules Verne.

Premières aventures de Mickey sous forme romanesque. Suivront de nombreuses adaptations de dessins animés.

1860 1870 1880 1890 1900 1910 1920 1930 1940 1950 1960

La collection pour enfants s'appelle la Bibliothèque rose illustrée.

Les enfants auront leurs livres : livres amusants où ils trouveront beaucoup d'images. Ces petits voyageurs, que la route ennuie lorsqu'elle est longue, seront ainsi tranquillement occupés, et ne fatigueront ni leurs parents, ni leurs compagnons de voyage.

Le club des cinq d'Enid Blyton (21 titres)

Le clan des sept d'Enid Blyton (15 titres)

La Bibliothèque rose illustrée devient la Nouvelle bibliothèque rose.

- Fantômette de Georges Chaulet (53 titres)
- Oui-Oui d'Enid Blyton (28 titres)
- Réécriture des grands succès : le présent remplace le passé simple, les contextes sont modernisés, le tutoiement domine, le langage est simplifié.
- Les héros de BD entrent dans la Rose, Titeuf en tête.

1970 1980 1990 2000 2010

- Les bibliothèques roses et vertes sont refondues : alors qu'elles correspondaient à des âges différents, la rose est maintenant pour les filles, et la verte pour les garçons, en fait comme à l'origine. Alice et Les six compagnons rejoignent ainsi la rose.
- Les héros télé font leur entrée : Candy, Pollux, Le petit lion, Goldorak…
On novélise les dessins animés, mais les moyens techniques ne permettent pas encore de reprendre les illustrations originales. On redessine.

LOCUTIONS LATINES ET ÉTRANGÈRES

LOCUTIONS ET TRADUCTION.	APPLICATION.
Ab absurdo. . . . . (*Par, d'après l'absurde*).	*En géométrie, on démontre souvent par la méthode* **ab absurdo.**
Ab hoc et ab hac. . . . . . (*De celui-ci et de celle-là; à tort et à travers*).	*Parler* **ab hoc et ab hac.**
Ab imo pectore ou **imo pectore.** (*Du fond de la poitrine, du cœur*).	Du plus profond du cœur, avec une entière franchise. *Exprimer son indignation* **ab imo pectore.**
Ab irato. . . . . (*Par un mouvement de colère*).	*Ne prenez aucune résolution* **ab irato.** — *Un testament* **ab irato.**
Ab Jove principium. . . . . (*Commençons par Jupiter*).	Expression de Virgile (*Eglogues*, III, 60). Le berger Damœtas déclare qu'il va commencer son chant par Jupiter, père de toutes choses. Dans l'application signifie : Commençons par le personnage le plus important, ou par la chose principale; à tout seigneur, tout honneur.
Ab origine. . . . . (*Depuis l'origine*).	*Reprendre les choses* **ab origine.**
Ab ovo. . . . . (*A partir de l'œuf*).	Mot emprunté d'Horace (*Art poét.* 147); allusion à l'*œuf de Léda*, d'où était sortie Hélène. Homère aurait pu y remonter s'il avait voulu raconter **ab ovo** la guerre de Troie; mais Horace le loue précisément d'avoir tiré l'*Iliade* d'un seul événement du siège, la colère d'Achille, sans remonter jusqu'à la naissance d'Hélène.
Ab uno disce omnes. . . . . (*D'après un seul, apprenez à connaître tous les autres*).	Expression que Virgile (*Enéide*, II, 65) place dans la bouche d'Enée, racontant à Didon comment Sinon, le Grec perfide, persuada aux Troyens de faire entrer dans leurs murs le cheval de bois. Se cite à propos de quelque trait distinctif servant à caractériser une classe d'individus.
Ab urbe condita . . . . . . (*Depuis la fondation de la ville*).	Les Romains dataient les années de la fondation de Rome **ab urbe condita** ou **urbis conditæ**, qui correspond à 753 av. J.-C. Ces mots se marquent souvent par les initiales **U. C.** : *L'an 532* **U. C.**, c'est-à-dire *l'an 532 de la fondation de Rome.*
Abusus non tollit usum. . . . (*L'abus n'enlève pas l'usage*).	Maxime de l'ancien droit. Dans l'application : L'abus que l'on peut faire d'une chose ne doit pas forcer nécessairement de s'en abstenir.
Abyssus abyssum invocat. . . (*L'abîme appelle l'abîme*).	Expression figurée d'un psaume de David (Ps. XLI, 8), qu'on emploie pour exprimer qu'une faute en entraîne une autre.
A cappella. . . . . (*A chapelle*).	Expression italienne usitée en musique et qui sous-entend « style », « forme ». Dans le style **a cappella,** les voix chantent sans accompagnement, ou les instruments les doublent à l'unisson ou à l'octave.
Acta est fabula. . . . . . . (*La pièce est jouée*).	C'est ainsi que, dans le théâtre antique, on annonçait la fin de la représentation. **Acta est fabula,** dit Auguste, à son lit de mort, et ce furent ses dernières paroles. *La farce est jouée*, a dit aussi Rabelais.
Ad aperturam libri. . . . . (*A livre ouvert*).	*Peu de personnes sont capables d'expliquer les auteurs anciens* **ad aperturam libri.**

Video meliora proboque, deteriora sequor. (*Je vois le bien, je l'approuve, et je fais le mal*).	Ces paroles, mises par Ovide dans la bouche de Médée (*Métamorphoses*, VII, 20), peignent l'homme, à qui son intelligence droite montre le chemin du devoir et de la vérité, mais que sa faiblesse et l'appât du plaisir entraînent néanmoins vers le mal.
Vir bonus, dicendi peritus. (*Un homme de bien qui sait parler*).	Définition de l'orateur, que Caton l'Ancien proposait à son fils, donnant à entendre qu'il faut à l'orateur la double autorité de la vertu et du talent.
Vires acquirit eundo. (*Elle acquiert des forces dans sa course*).	Expression de Virgile, faisant le portrait de la Renommée (*Enéide*, IV, 175). *Défiez-vous de la calomnie* : **vires acquirit eundo.**
Virtus post nummos. (*La vertu après les écus*).	Commencement d'un vers d'Horace (*Epîtres*, I, 1, 54), qu'il donne comme la maxime des Romains. Il critique avec ironie cette théorie.
Vis comica. (*La force comique; le pouvoir de faire rire*).	Mots extraits d'une épigramme de César sur Térence (Suétone, *Vie de Térence*). En réalité, dans l'épigramme latine, l'adjectif *comica* ne se rapporte probablement pas à *vis*, mais à un autre mot de la phrase.
Vitam impendere vero. (*Consacrer sa vie à la vérité*).	Mots de Juvénal (*Satires*, IV, 91), dont J.-J. Rousseau fit sa devise.
Vivere parvo. (*Vivre de peu*).	*Heureux qui sait* **vivere parvo** *! — Le bonheur consiste dans le* **vivere parvo.**
Vive valeque. (*Vis et porte-toi bien*).	Formule dont on fait quelquefois usage à la fin d'une lettre (Horace, *Satires*, II, 5, 110). On écrit aussi **Vive et me ama,** *Vis et aime-moi bien.*
Vivit sub pectore vulnus. (*La blessure vit au fond du cœur*).	Energique expression de Virgile (*Enéide*, IV, 67) à propos de la passion naissante de Didon pour Enée. On y fait allusion pour exprimer la vivacité des traces que laissent les sentiments profonds.
Vixit. (*Il a vécu*).	Formule par laquelle les Romains annonçaient la mort de quelqu'un ; on l'emploie encore familièrement. André Chénier l'a transplantée en français : *Elle a vécu, Myrto, la jeune Tarentine!*
Volenti non fit injuria. (*On ne fait pas tort à celui qui consent*).	Axiome de jurisprudence, d'après lequel on n'est pas fondé à porter plainte pour un dommage auquel on a consenti.
Volti subito. (*Tournez vite*).	Expression italienne (en abrégé V. S.) indiquant de tourner rapidement le feuillet d'une partition.
Vox clamantis in deserto. (*La voix de celui qui crie dans le désert*).	Paroles de saint Jean-Baptiste aux Juifs qui lui demandaient s'il était le Christ, Elie ou un prophète : « *Je suis*, répondit-il, *la voix de celui qui crie dans le désert : Rendez droites les voies du Seigneur.* » (Evangile selon saint Matthieu, III, 3.) Il faisait allusion à ses prédications devant la foule dans le désert. C'est abusivement qu'on dit, de quiconque n'est pas écouté, qu'il prêche dans le désert.
Vox faucibus hæsit. (*La voix s'arrêta dans ma gorge*).	Expression de Virgile (*Enéide*, III, 48) placée par le poète dans la bouche d'Enée racontant l'effet produit sur lui par un prodige. Elle est souvent employée pour peindre l'étonnement, la stupeur.
Vox populi, vox Dei. (*Voix du peuple, voix de Dieu*).	Adage suivant lequel on établit la vérité d'un fait, la justice d'une chose sur l'accord unanime des opinions du vulgaire.
Vulnerant omnes, ultima necat. (*Toutes blessent, la dernière tue*).	En parlant des heures, vieille inscription latine usitée sur les cadrans d'horloge des églises ou des monuments publics.
Walk-over (ou-ôk-o-v'ur').	Expression anglaise, désignant une course à laquelle ne prend part qu'un seul cheval : *Ce cheval a fait* **walk-over.**

Créé en 1856 sous le nom *Nouveau Dictionnaire de la langue française, Le Petit Larousse* est organisé en deux parties, noms communs et noms propres. En sandwich, les « pages roses » listent et explicitent les locutions étrangères et principalement latines. Ces pages roses sont toujours présentes dans les éditions actuelles du *Petit Larousse Illustré*, allégées en latin, mais enrichies de proverbes et maximes, et de mots historiques. Pourquoi roses ? L'histoire ne le dit pas, et de toutes façons *de gustibus et coloribus non disputandum.*

Rose autour du monde

różowy
polonais
merah jambu
malais
rózsaszín
hongrois
pembe
turc
lyserød
danois
ROSA
espagnol
rozā
létonien
skär
suédois
roz
roumain
růžová
tchèque
粉紅色
chinois
ROSA
norvégien
rosa
portugais
roosa
estonien
rosa
italien

Miscellannées roses

De Stendhal, on connaît *Le Rouge et le Noir*, mais on sait moins que ce grand rêveur a écrit *Le Rose et le Vert* en 1937, sans le terminer. La petite histoire veut qu'il y ait un parallèle entre ce titre mystérieux et *La Chartreuse de Parme* — le vert de la liqueur et le rose du jambon de Parme.

Le Stade Français a fait souffler un vent de couleur sur le rugby en 2000 en adoptant un maillot rose en décalage avec la virilité de ce sport. En football, plusieurs équipes ont joué en rose : l'OL, Lens, la Juventus, le FC Barcelone… Palerme l'a adopté depuis 1907.

Les *Pièces roses* de Jean Anouilh sont des comédies théâtrales mettant en scène de jeunes amoureux idéalistes. Elles contrastent avec ses *Pièces noires*, souvent des transpositions de tragédies grecques dans le monde contemporain.

Deux grands quotidiens sont imprimés sur papier rose : le saumon du *Financial Times* anglais est devenu synonyme d'informations économiques et le quotidien sportif italien la *Gazzetta dello Sport* est rose, comme le maillot du vainqueur du Giro, le tour d'Italie cycliste.

La Méthode Rose, crée par Ernest Van de Velde, à appris (ou pas) le piano à des générations de débutants.

Les flamants roses ne naissent pas roses, mais le deviennent en consommant une espèce de crevette possédant des pigments caroténoïdes.

En Thaïlande, si on croise quelqu'un habillé en rose, il est probable qu'on soit mardi. Ou que la personne soit née un mardi.

Dans certaines prisons, des cellules spéciales sont peintes en rose pour calmer les détenus trop véhéments.

En 1959, Brigitte Bardot se présente pour son mariage avec Jacques Charrier dans une robe dessinée par Jacques Esterel aux motifs de petits carreaux roses et blancs, et en ballerines. Ce motif simple, le vichy, que l'on rencontre partout dans le monde, devient soudainement à la mode avec cette interprétation en rose. En 1962, il est adopté par les magasins Tati.

Elvis Presley, acheta sa première Cadillac rose d'occasion en mars 1955 pour convoyer son orchestre les Blue Moon Boys, mais elle prit feu en juin. En juillet, il en acheta une neuve, une Cadillac Fleetwood Series 60, bleue au toit noir, repeinte en rose par un voisin qui baptisa la teinte *rose Elvis*, et l'offrit à sa mère (qui n'avait pas de permis). En 1956, il fit repeindre le toit en blanc, ultime finition de ce qui est devenu un des modèles mythiques de l'histoire de l'automobile.

S

Des bonbons rose ou des bonbons roses ?
Délicats, les accords des adjectifs de couleur dans la langue française ! La règle veut que l'adjectif s'accorde en général (des bonbons verts), mais reste invariable s'il s'agit d'une couleur qui évoque la couleur d'une chose (des bonbons orange = des bonbons de la couleur d'une orange). Mais rose fait partie des exceptions, avec pourpre, mauve, écarlate, vermeil… On écrira donc des bonbons roses.

Manger des carottes rend aimable et donne les cuisses roses.

Le rose n'est pas une couleur, c'est le bâtard du rouge triomphant et de la lumière coupable ; né d'un inceste où l'enfer comme le ciel ont joué un rôle, il est resté la teinte de la honte. Mais cela, je ne l'ai senti que trop tard, quand il m'était devenu impossible de sortir encore de la géhenne.

La connaissance d'après coup, celle qui arrive trop tard pour vous sauver, me rappela que le rose est jumelé à l'horreur.

Fleur sanglante des poumons phtisiques, mousse aux lèvres des hommes qui meurent la poitrine percée, tissus visqueux des foetus, prunelles affreuses des albinos morbides, témoin du virus et du spirochète, compagnon des sanies et de toutes les purulences, il a fallu l'innocence et l'admiration des enfants et des jeunes filles pour l'entourer de désirs et de préférence, et cela même démontre sa malice et sa ténébreuse essence.

Jean Ray ***Les derniers contes de Canterbury***

I ♥ ROSE

Je crois au rose. Je crois que le rire est le meilleur brûleur de calories. Je crois aux baisers, aux nombreux baisers. Je crois qu'il faut être forte quand tout semble aller de travers. Je crois que les filles heureuses sont les filles les plus jolies. Je crois que demain est un autre jour et je crois aux miracles.

Audrey Hepburn

Pour aller plus loin

Bibliographie

De nombreux ouvrages anciens ont été consultés à la **bibliothèque d'ôkhra**, Conservatoire des ocres et de la couleur.

Le Rose, dictionnaire des mots et expressions de la couleur, Annie Mollard-Desfours, CNRS Editions, 2002.

Dictionnaire des termes de la couleur, Robert Sève, Michel Indergand, Philippe Lanthony, Ed. Terra Rossa, 2007.

Le vin rosé, Claude Flanzy, Gilles Masson, François Millo, Ed. Féret, 2009.

Le petit livre de Schiaparelli, Emma Baxter-Wright, Eyrolles, 2012.

DVD

Audrey Hepbrun aime le rose dans *Drôle de frimousse* (*Funny Face*, 1957) et chante une inoubliable version de *La vie en rose* dans *Sabrina* (1954), disponibles en DVD Paramount.

Expérimenter

Pour **toucher** le rose (et toutes les couleurs), Karin Delaunay-Delfs, Solène Delahousse et Philippe Durand Gerzaguet animent des **stages** de teintures végétales, techniques murales, photographie, en particulier à ôkhra, Conservatoire des ocres et de la couleur à Roussillon, en Provence (*okhra.com*).

Pour le **goûter**, visitez la **biscuiterie** Fossier à Reims (*fossier.fr*) et le musée du **bonbon** Haribo à Uzès (*museeharibo.fr*).

Pour le **boire**, avec modération, parcourez les **vignobles**, en particulier en Provence (*vinsdeprovence.com*).

Internet

Retrouvez des bonus, des informations complémentaires, d'autres histoires de rose, et des liens vers des sites autour du rose sur le site **carnetsdecouleur.com**.

Crédits

L'auteur remercie les nombreuses personnes ayant fourni des informations et des documents pour la réalisation de ce livre et en est rose de contentement. L'auteur contribue à Wikipedia et remercie les autres contributeurs.

Abréviations utilisées dans les crédits MO : Matériauthèque ôkhra (www.okhra.com). WC : Wikimedia Commons. NGA : National Gallery of Arts, Washington. LC : Library of Congress. DP : Domaine Public. En cas d'erreur d'attribution ou de source non identifiée, les crédits seront rectifiés dans les éditions ultérieures.

Photographies Philippe Durand Gerzaguet : pages 10, 26/27, 28/29, 32/33, 38/39, 40/41, 46/47, 50/51, 56/57, 60/61, 64/65, 66/67, 68, 70/71.

Icônes Maryline Le Roy : pages 6/7, 16/17, 28/29, 34/37, 66/67

Autres crédits : **8/9** Carte John Bartholomew, LC. **10/11** MO. Gravure Martin Lister WC. Teinture Karin Delaunay. **16/17** Nickolas Muray, *Pictorial Review*, ca. 1937, George Eastman House (The Commons). Publicités DP. **22/23** Audrey Hepburn, DP. **24/25** Documents Conseil Interprofessionnel des Vins de Provence (vinsdeprovence.com) / Centre du rosé (centredurose.fr) **28/29** Eléphants ôkhra. **30/31** Gravures Pierre-Joseph Redouté, DP, Biodiversity Heritage Library. **40/41** *Encyclopédie* DP, Google Books. **42** *Naissance de Vénus*, William Bouguereau, 1879, WC. **44/45** Documents Société d'Histoire de la Pharmacie (shp-asso.org). MO. **48/49** Documents Maison Fossier, Reims (fossier.fr) **50/51** *Portrait de Ronsard*, anon., WC. **53** *Cupidon*, Léon Perrault, DP DR. **54/55** Peintures NGA et contretypes de l'auteur. **58/59** Les billets reproduits sont originaires de pays qui, à notre connaissance, autorisent cet usage. **60/61** *Petites Filles modèles* estampe de Bertall, WC. **62/63** Edition 1936 du Petit Larousse ®, DP.

NUANCIERS

4/5 • Couleurs du rose
18/21 • Les noms du rose
24/25 • Vins rosés
30/31 • Un jardin rose
34/37 • Harmonies du rose
54/55 • Art rose
58/59 • Billets roses

SYMBOLIQUE

14/15 • Symbolique
16/17 • Le rose a-t-il un sexe ?
52/53 • Rose Éros
68/69 • J'aime / J'aime pas

HISTOIRES

6/7 • Géographie du rose
8/9 • Rose british
22/23 • Think pink !
26/27 • Miscellannées roses 1
38/39 • Hanami
40/41 • Rose beauté
44/45 • Le rose c'est la santé
66/67 • Miscellannées roses 2

VOCABULAIRE

18/21 • Les noms du rose
42/43 • Rose chair des artistes
50/51 • Ronsard, ses mignonnes et ses nymphes
56/57 • Au nom de la rose
64/65 • Rose autour du monde

RECETTES

10/11 • Teinture rose
12/13 • Badigeon rose
28/29 • Cocktails roses
32/33 • Roses séchées
48/49 • Tiramisu rose

USAGES

10/11 • Matériaux du rose : végétaux et animaux
12/13 • Matériaux du rose : minéraux et synthèse
24/25 • Vins rosés
46/47 • Bonbons rose bonbon
48/49 • Biscuits roses
58/59 • Billets roses
60/61 • Bibliothèque rose
62/63 • Les pages roses